PRESCHOOL LEARNING NUMBERS

FUN Activities for Kids
VOLUME 1

Copyright 2016

Find the two that look the same and circle them

FIND **2**
THE SAME
PICTURES

FIND **2** THE SAME PICTURES

FIND **2**
THE SAME
PICTURES

FIND 2
THE SAME
PICTURES

FIND 2
THE SAME
PICTURES

FIND **2** THE SAME PICTURES

FIND **2**
THE SAME
PICTURES

FIND 2 THE SAME PICTURES

FIND **2**
THE SAME
PICTURES

FIND **2** THE SAME PICTURES

FIND 2
THE SAME
PICTURES

FIND 2 THE SAME PICTURES

Draw a line to the number of animals you counted

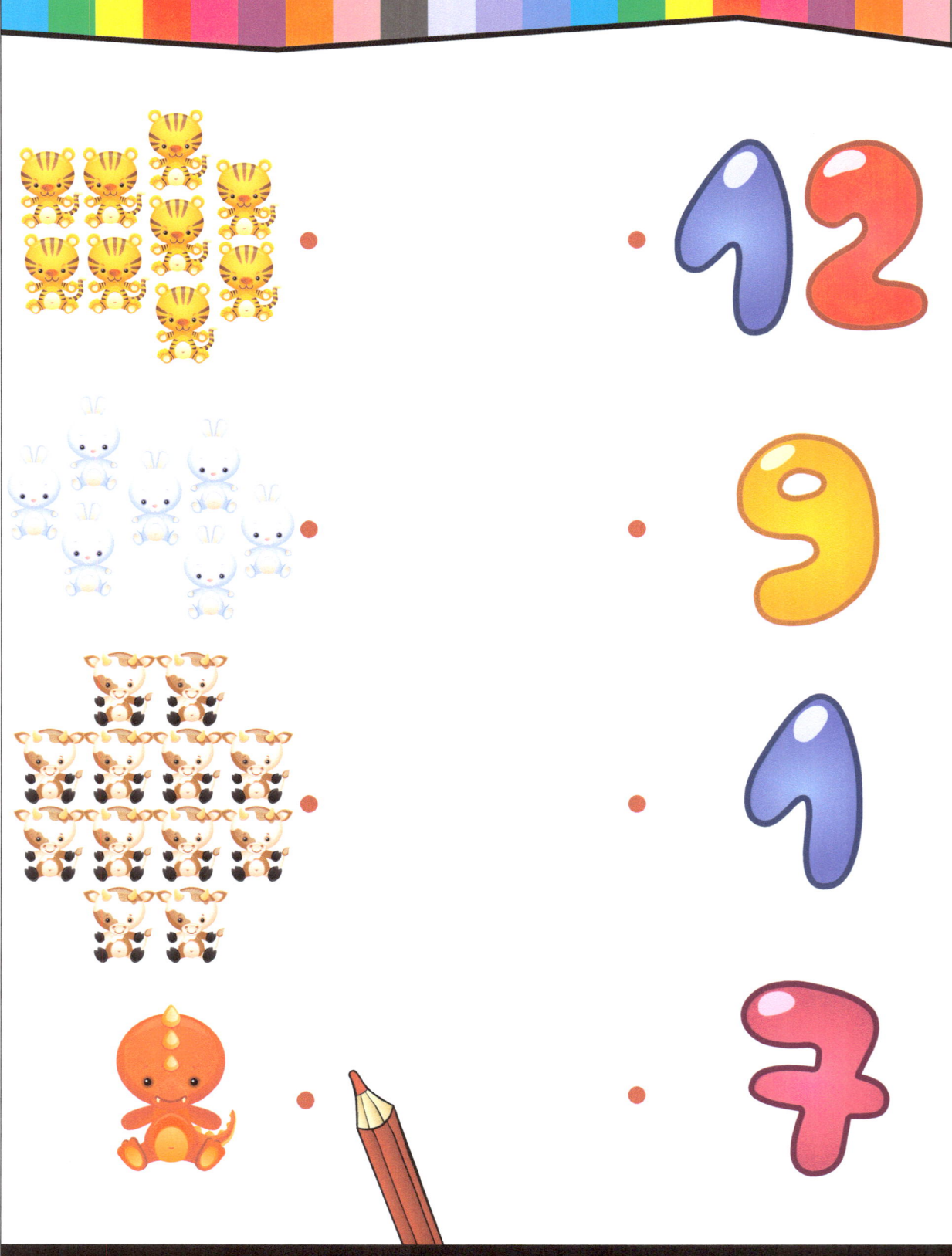

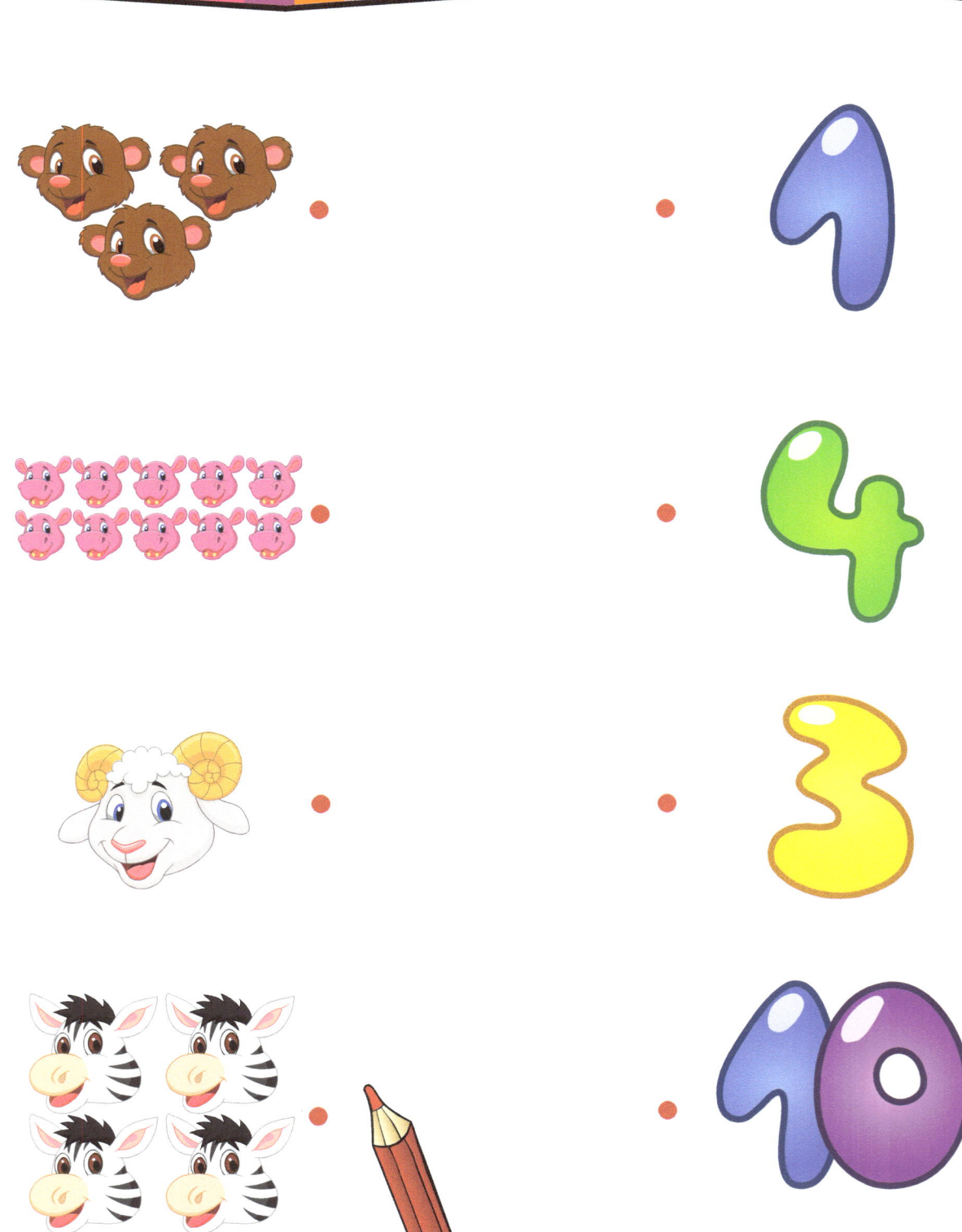

Count how many and then color the answers

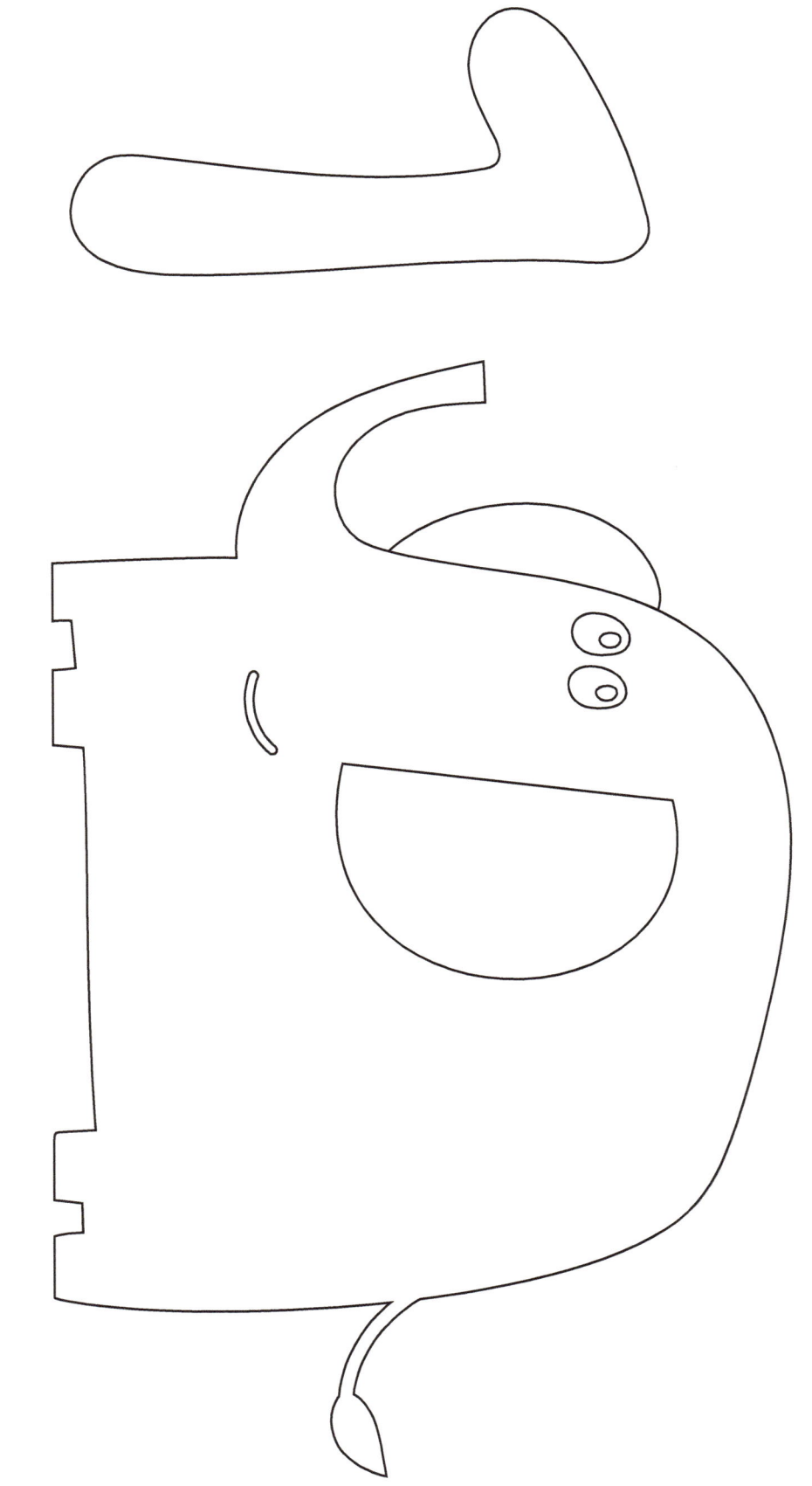

5

If you enjoyed learning with Baby Brainiac check out our other books on Amazon!